AF369225

# OBSERVATIONS

SUR LE

## CANAL DE LA BASSE-SOMME,

D'ABBEVILLE A SAINT-VALLERY.

# OBSERVATIONS

SUR LE

# CANAL DE LA BASSE-SOMME

D'ABBEVILLE A ST-VALLERY,

## PAR M. ESTANCELIN,

DÉPUTÉ DE LA SOMME.

In vanum laboraverunt!!

BIBLIOTHEQUE ROYALE
I

# PARIS.

CHEZ DELAUNAY, LIBRAIRE, AU PALAIS-ROYAL.

1833.

TYPOGRAPHIE DE A. PINARD,
Quai Voltaire, n° 15.

TYPOGRAPHIE DE A. PINARD,
Quai Voltaire, n° 15.

# OBSERVATIONS

SUR LE

## CANAL DE LA BASSE-SOMME,

### D'ABBEVILLE A SAINT-VALLERY.

L'achèvement du canal de la Basse-Somme, d'Abbeville à Saint-Vallery, a pleinement justifié l'opposition que son projet avait suscitée dès 1763. Loin d'avoir exagéré les inconvéniens prévus à cette époque, le résultat prouve au contraire que nos prédécesseurs n'avaient signalé qu'une partie du mal qui se découvre, et qui menace aujourd'hui l'existence du commerce et la salubrité de la contrée. Tel ne devait pas être le sort d'une des plus belles et des meilleures entreprises conçues dans le dix-huitième siècle; tel ne devait pas être le fruit des millions enfouis dans les tourbes et les sables de la vallée de la Basse-Somme! La voix publique s'élève et réclame de toutes parts; plusieurs écrivains se sont rendus les interprètes de l'opinion du pays : leurs observations judicieuses, leurs critiques piquantes, ont signalé, démontré, attaqué toutes les fautes commises. J'ai cru, dans cette occurrence, honoré du mandat de la ville d'Abbeville, qu'il était de mon devoir de m'unir à ces bons citoyens, de défendre avec eux les intérêts de ma patrie adoptive, et de faire parvenir au gouvernement les justes doléances de mes commettans.

Informé, le 30 août dernier, que dans vingt-quatre heures, M. le ministre des travaux publics et du commerce allait se rendre à Abbeville, où il visiterait le canal d'Abbeville à Saint-Vallery, je rédigeai, à la hâte, une note dans laquelle je lui signalais suffisamment pour fixer son attention, les faits que je croyais essentiels de soumettre à son examen [1].

J'espérais que M. le ministre visiterait le cours de la Somme, qu'il verrait le débouché du canal à Saint-Vallery, qu'il jugerait les travaux de ce port et ceux qu'on exécute *à la pointe du Hourdel*, qu'il ferait une reconnaissance de la baie, et qu'après avoir étudié la rive gauche de la Somme, il parcourrait également la rive droite de ce fleuve, et qu'il vérifierait ainsi ce que je lui disais de l'heureuse position du *Crotoi*, de la facilité et de l'opportunité de la communication par le chenal de la

---

[1] Cette note, que je communiquai à mon honorable ami M. Delegorgue-Dorval, a été rendue publique.

Somme. Par ce moyen, après avoir vu et jugé les efforts de l'art pour vaincre la nature, il eût apprécié les obstacles que la nature oppose aux tentatives infructueuses de l'art. Il eût été utile qu'il entendît les réclamations du commerce, qui considère à présent avec une trop juste anxiété, la vérité des prévisions que ses honorables délégués[1] soutinrent autrefois avec un talent et un patriotisme dignes d'un autre succès, dans les commissions réunies depuis 1760 jusqu'en 1789. M. le ministre eût appris que des intérêts de localité, et, moins que cela encore, de pitoyables intérêts personnels, ont toujours prévalu, dans ces enquêtes incomplètes, sur la raison et sur le bien de l'État. Il eût interrogé avec fruit ces vieux marins qui, joignant à leur expérience, les traditions de leurs pères, lui eussent expliqué et démontré les causes puissantes qui ont fixé désormais le lit et l'embouchure du fleuve sur la droite de la vallée. La discussion qui se fût élevée sur le terrain, entre la théorie et l'expérience, entre les soutiens des innovations et leurs critiques, eût plus éclairé le ministre, que ne peuvent le faire les plans et les disertes dissertations du corps savant intéressé à défendre ses œuvres. Je vais suppléer à cette vi-

----

[1] **MM.** Hecquet d'Orval, Plantard et le baron Delattre.

site et à l'information qu'elle eût provoquée, par
les détails et les développemens que j'ajoute à ma
première note.

Ce que Linguet, dans ses trois lettres de 1769,
s'était attaché à démontrer sur les inconvéniens du
port de Saint-Vallery, est non seulement prouvé
par l'évidence du fait, mais, ce qui est plus surpre-
nant encore, c'est que ses adversaires semblent
l'avouer eux-mêmes. En effet, le port que l'on
veut créer au *Hourdel*, ferait soupçonner qu'on
ne compte plus sur celui de Saint-Vallery, dont
on reconnaît les irrémédiables inconvéniens ; que
l'on doute de la possibilité de déplacer et de maî-
triser cette masse épouvantable de sables, qui s'élèvent chaque jour de plus en plus entre Saint-Vallery
et le Hourdel, c'est-à-dire dans la distance d'une
lieue. On se flatte de l'espoir que le courant de la
Somme, qu'on veut contraindre à couler sur la
gauche de la vallée, entretiendra un chenal ; mais
on doute que le chenal offre à des bâtimens d'un
certain tirant d'eau une sécurité permanente. Ce
ne serait donc plus à Saint-Vallery, que les bâtimens arriveraient, ce serait désormais au Hourdel,
où l'on fondera probablement tout ce qui constitue
l'existence d'un port : quai, maisons, magasins, etc.,
ce qui, soit dit en passant, ne contribuerait guère
à la prospérité de Saint-Vallery. Mais l'établisse-

ment de ce port du Hourdel est-il praticable? et n'en serait-il pas de ce corollaire du projet général, comme de tout le reste, une coûteuse chimère? Je n'en doute pas, et je ne hasarde rien en prétendant le démontrer. La *pointe du Hourdel* n'est pas comme les caps du littoral de la Manche, dont les flots, sapant continuellement la base, font ébouler le sommet et en diminuent le volume et l'étendue; les flots opèrent sur ce *promontoire éphémère* un effet tout opposé : au lieu de le diminuer, ils l'étendent, en y accumulant, par une puissance qu'aucune force humaine ne peut dominer, les galets produits par les éboulemens des falaises dans une étendue de 35 lieues, depuis le cap d'Antifer [1]. Le dépôt qu'ils y font annuellement est, suivant le calcul de Lamblardie, de 5300 toises cubes qui accroissent la pointe du Hourdel [2]. Ainsi s'explique ce prolongement de 60 à 80 mètres, depuis 1812, que m'ont signalé les pilotes du Crotoi. Plus cette pointe s'avance, plus les alluvions s'augmentent et élèvent le sol au fond de l'anse qu'elle abrite et qu'elle enserre : l'extension du dépôt successif de ces alluvions est toujours en raison de celle des progrès de la pointe; en sorte que le mouillage qui protége le Hourdel varie et marche, pour ainsi

[1] Voir la note 1re.
[2] Voir la note 2e.

dire, en même temps et dans la proportion que son sommet s'avance dans la baie. Le mouillage actuel n'est pas celui des années précédentes. Des cartes et plans de la baie et de l'embouchure de la Somme, faits ou levés à la fin du dix-septième et au commencement du dix-huitième siècle, indiquent un *port vieux* sous le Hourdel; et au dessous, entre ce port vieux et le *cap Hornu*, ils marquent un *port neuf*. Cherchez aujourd'hui ces mouillages, vous trouverez des *renclôtures* et des *mollières*. Une carte de *Michelot*, dessinée en 1690, donne au Hourdel, qu'il dénomme *pointe de Galé*, une figure toute différente de celle que dessinent plus tard *Delille, de Friex, Robert de Vaugondy*, qui placent en avant du promontoire un îlot ou poulier détaché de la côte. Ce poulier y est réuni depuis, comme on le voit dans les cartes hydrographiques de *de Gaule, de Dicquemare* et de *la Bretonnière*.

L'expérience prouve donc qu'il est impossible, dans une telle position, de prétendre créer un port, et que tous les travaux qu'on y entreprend ne peuvent avoir qu'une utilité actuelle, dont la durée est soumise à celle du mouillage pour lequel on les ospère. Contester cette assertion, c'est contester l'évidence. « Le galet qui arrive au « Tréport, dit *Lamblardie* (art. 58, de son Mé-

« moire sur les côtes de la haute Normandie), est
« le produit de tous les silex que fournissent
« les débris de la falaise depuis le cap d'Antifer
« jusqu'au Tréport. Ce galet, chassé par les
« écluses, se joint à celui qui provient de la des-
« truction de la côte depuis le Tréport jusqu'au
« bourg d'Ault, contourne l'emplacement de
« Cayeux, et va se rendre à *la pointe du Hourdel.*
« Le galet arrêté dans sa marche *par le courant*
« *de la marée baissante qui sort de la baie de*
« *Somme,* forme cette pointe à l'embouchure de
« cette rivière, comme il produit celle du *Hoc* à
« l'embouchure de la Seine.

« (59.) La pointe du Hourdel est, comme celle
« du Hoc, la partie la plus saillante d'un poulier
« qui s'est accru par les dépôts successifs du
« galet retenu par le courant de la Somme et de
« la marée baissante. Ces deux pouliers aug-
« mentent en raison du galet qui y arrive, et
« presque en raison de la longueur des côtes qui
« le fournissent ; parce que le galet qui vient du
« cap d'Antifer jusqu'au Hourdel, ayant plus
« de chemin à parcourir que celui qui se rend
« à la pointe du *Hoc,* doit éprouver un frottement
« plus répété, et diminuer de grosseur dans une
« proportion plus considérable. On a en effet ob-
« servé que le galet qui arrive au Hâvre est bien

« moins arrondi que celui qui se trouve du côté
« du Cayeux. Les superficies de ces pouliers
« doivent donc être à peu près proportionnelles
« à leur éloignement du cap d'Antifer, qui est le
« point de partage du galet ; et ces distances
« étant entre elles environ comme 4 est à 1, le
« poulier de la Somme devrait être, toutes choses
« égales d'ailleurs, quatre fois plus considéra-
« ble que celui de la Seine ; celui-ci contient
« 3 millions 710,000 toises superficielles ; l'autre,
« 11 millons 250,000 toises : ce qui établirait le
« rapport comme 3 est à 1, différence qui n'est
« point étonnante, attendu le plus grand frottement
« des galets et le plus grand nombre de baies
« qu'ils ont eu à remplir en venant du cap d'An-
« tifer jusqu'à la Somme. D'ailleurs les dépôts
« qui entrent dans la formation du poulier en
« augmentent la superficie, et la Seine en fournit
« plus que la Somme.

« (60.) *Cette rivière est poussée vers le Mar-*
« *quenterre par l'extension de la pointe du*
« *Hourdel, comme la Seine l'est elle-même vers*
« *la côte d'Honfleur par la pointe du Hoc ; et*
« *l'on verra, dans les temps à venir, l'embouchure*
« *de la Somme se joindre à celle de l'Authie,*
« *après avoir détruit toutes les côtes de St Quen*
« *tin.*

« ( 61.) Les sables provenant du choc et des
« frottemens des galets sont enlevés et poussés
« sur la rive droite de la Somme par les vents
« de la partie de l'ouest et du sud-ouest ; ils ga-
« gnent la côte du Boulonnais, et enfin celle de Flan-
« dre, en formant et entretenant les dunes qui
« bordent le rivage. Une partie de ces sables
« obstrue l'embouchure des rivières qui se trou-
« vent sur son passage, remonte dans leurs lits,
« entraînée par la marée montante et poussée par
« les vents de mer qui soufflent dans leur direc-
« tion.

« Tout ce que nous avons observé à l'égard de
« la Seine peut s'appliquer à ces rivières, et prin-
« cipalement à celle de la Somme *dont le lit s'éta-*
« *blit plus constamment du côté du Crotoi, et ne*
« *se porte du côté de Saint-Vallery que lorsque*
« *les vents du nord ont régné pendant quelque*
« *temps.* »

Une explication aussi claire de faits physiques
aussi bien exposés par l'un des plus célèbres ingénieurs de France, devrait avoir quelque crédit
sur l'esprit de ses successeurs. J'aime à croire qu'ils
reconnaissent avec lui *que le temps et la nature*
*seront toujours supérieurs à tous leurs efforts ;*
ils conviennent sans doute avec lui, que l'action
des vagues de la mer agitée par les vents d'ouest

et du nord-ouest, les plus constans et les plus violens qui règnent sur la côte, ne peut être domptée par aucune puissance humaine ; qu'en conséquence les falaises battues constamment à leur base, produiront toujours les galets qui constamment aussi seront roulés et amoncelés à la pointe du Hourdel, où le courant de la marée montante et l'action des vents continueront à les rouler, où le jusant, dans le baie de la Somme, continuera à les arrêter et à les fixer, et par conséquent à accroître l'atterrissement [1]. Il est donc clair que, dans son état actuel, le prétendu port du *Hourdel* ne peut être qu'un mouillage dont l'emplacement variera et suivra nécessairement l'inévitable prolongement de la pointe. Il n'est pourtant pas impossible de prévenir l'effet des alluvions qui doivent progressivement anéantir le mouillage, en y amenant, comme on le projette, toutes les eaux de la

---

[1] Il est une cause très puissante qui accroîtra toujours la pointe du Hourdel : actuellement toutes les baies sont fermées par les galets ; il ne reste de vide à remplir que les ports, qu'on s'efforce de défendre contre leur irruption. Le prolongement des jetées arrête les galets qu'y s'y trouvent retenus ; tout le reste passe, roule le long de la côte et aboutit au Hourdel. On conçoit que tout ce que retient encore la pointe de l'Ailly est entraîné à fur et mesure de sa destruction, et augmente ainsi la masse qui arrive à l'embouchure de la Somme.

Voir la note 2<sup>e</sup>.

Somme, dont le courant suffirait pour charrier les envasemens; non, la tentative n'est pas impossible, mais elle est impraticable, quand on considère les dépenses énormes qu'occasionnerait le gigantesque travail d'une digue d'une lieue d'étendue, qui devrait garantir le chenal de l'invasion des sables mouvans qu'y déposerait la marée.

Admettons cependant l'exécution de ce projet; *supposons* qu'après avoir ajouté plusieurs millions à ceux qu'on a déjà dépensés, l'on ait, après un laps de temps assez difficile à déterminer, créé un port sous le Hourdel : quelle sera la situation de la vallée et de la baie de la Somme? Le fleuve ne coulera plus dans son lit actuel, ou du moins ce lit ne recevra, par le barrage éclusé, que l'eau qui ne passera point dans le canal; dès lors, le chenal s'envasera, s'ensablera par les dépôts que les grandes marées y formeront promptement; les eaux séjourneront, pendant huit ou dix jours, dans les fosses ou *flaches*; elles y resteront stagnantes jusqu'à ce que la mer les recouvre de nouveau. On peut aisément conjecturer ce qui adviendra de cette quantité de dépôts putrides. Si déjà cette rive de la Somme est peu saine, parce que les eaux du fleuve ne baignent pas toujours toute la largeur du chenal, que deviendront les communes de Laviers, de Port, de Noyelles, du Crotoi?

Qu'on se souvienne que l'insalubrité de ces situations a cessé dans les unes, s'est modifiée dans les autres, depuis que la rivière s'est définitivement portée sur la droite.

La Somme passe aujourd'hui devant le Crotoi, décrit une courbe et se perd au dessus de la pointe du Hourdel par plusieurs bouches, le long du banc du nord, *laisse* haute et accore de forme triangulaire s'élevant beaucoup vers l'ouest et barrant l'entrée de la baie. La Somme retirée de sa direction actuelle, le chenal du côté du Crotoi ne subsistera quelque temps que par l'action du courant de la marée baissante, et finira par s'effacer en se comblant et se nivelant avec la plage. Les eaux de la mer continueront cependant à affluer dans la baie et à battre les murs du Crotoi, jusqu'à ce que les alluvions qui ne seront plus charriées par les eaux du fleuve, aient formé des bancs qui, repoussant l'action du courant du flux, en diminueront l'effet, en réduiront le volume, et finiront par s'arrêter en avant du Crotoi. Alors, la cause qui, selon le savant Lamblardie, arrête et fixe à la pointe du Hourdel la marche des galets ne subsistant plus, les galets avanceront et finiront par fermer l'ouverture de la baie, n'y laissant de passage que celui qu'y entretiendront les eaux resserrées de la Somme. Telles sont les destinées dont le projet en exécution menace le pays. Examinons quel est l'état actuel de la navigation dans la baie de la Somme, afin de juger ce que le commerce a à gagner ou à perdre au succès de l'entreprise.

Lamblardie a suffisamment développé les causes puissantes qui ont conduit ou fixé le cours de la Somme près de son embouchure, à la droite ou au nord de la baie. Le courant du flux qui porte avec violence sur le Crotoi et les digues du Marquenterre, concourt avec le fleuve à approfondir son lit; aujourd'hui, la fosse ou le bassin naturel du Crotoi, dont le sol est une alluvion de vase facile à creuser et à approfondir, reçoit dans les grandes marées une hauteur d'eau presqu'égale à celle à laquelle monte la mer dans les passes du nord et de l'ouest, c'est-à-dire 25 à 30 pieds, et dans la morte eau 12 à 15 pieds. Ce port a de plus, à raison de l'étendue et du volume d'eau qui monte jusqu'à quatre lieues de l'embouchure, l'avantageuse propriété de garder son plein pendant près de deux heures, ce qui n'a lieu qu'au Hâvre, par une cause analogue. Cette précieuse exception facilite l'entrée et la sortie aux bâtimens, qui, à Fécamp, à Dieppe, à Tréport, où la mer n'étale que de 15 à 20 minutes au plus, sont impérieusement soumis à profiter du moment précis. Les navires entrés dans la baie peuvent par tous les vents, mais surtout par celui du sud-ouest, qui souffle le plus souvent, entrer au Crotoi : aussi est-ce en ce port que presque tous, c'est-à-dire 80 sur 100, abordent. Ce ne sont pas les facilités et les commodités que l'art a procurées qui les y attirent, puisqu'ils n'y trouvent ni quai, ni estacade, ni embarcadère, pas même de poteau pour s'amarrer, et qu'ils sont réduits à s'affourcher sur leurs ancres. Ce n'est pas que depuis long-temps les commerçans et les capitaines demandent, supplient *au nom de l'humanité*, si l'on est insensible à leurs intérèts, d'exécuter quelques travaux : toujours un impitoyable refus a répondu à leurs plaintes. *On ne peut* dit-on, *faire des frais au Crotoi quand on en fait au Hourdel.*

Les bâtimens se rendent du Crotoi à Abbeville par la rivière, où l'on pourrait aisément entretenir un chenal d'une profondeur suffisante pour assurer le passage de navires de plus de 100 tonneaux. Plusieurs fois, et notamment cette année, des bâtimens tenant la mer sont arrivés avec le flot au quai d'Abbeville.

Tel est l'état actuel de la navigation ; voyons quel sera, pour la navigation, le résultat de ce qu'on projette.

Nous ne reviendrons pas sur ce que nous avons

dit du port du Hourdel. Jusqu'à ce que l'établissement de tout ce qui constitue un port y soit fait,
ce ne sera qu'un mouillage d'où les bâtimens se
rendront à Saint-Vallery, soit pour y stationner,
soit pour y entrer dans le canal, ou bien pour y
transborder leurs cargaisons sur des alléges. Jusqu'à présent peu de navires l'ont fréquenté ; on en
voit un ou deux quand il y en a 30 ou 40 au Crotoi. La hauteur de l'eau, en grande marée, est de
20 pieds, et en morte eau de 10 pieds.

Le port de Saint-Vallery n'est accessible que par
les passes que la Somme s'est pratiquées à travers
le banc du nord ; il faut, pour gagner ce port, après
avoir doublé la pointe du Hourdel, passer devant
le Crotoi. La mer, en vives eaux, s'y élève de 15
à 20 pieds, et en morte eau elle n'y monte qu'à 8
ou 10 pieds. Il n'y a pas lieu d'espérer que le fond
se creuse, attendu que c'est un roc calcaire que
l'eau de la Somme ne dissoudra pas aisément.

L'entrée du canal est surbordonnée à certaines
conditions qu'il faut définir : 1° Les bâtimens ne
devront pas avoir un tirant d'eau de plus de sept
pieds, parce que le radier de l'écluse a été fixé à
cette hauteur, *ce qui fait supposer qu'on a voulu
interdire le port d'Abbeville à toute embarcation
au dessus de trente tonneaux.* 2° Il faudra que le
canal ne soit pas pris par les glaces, ce qui a lieu

chaque hiver pendant plus ou moins long-temps,
comme on le sait. 3° Il faudra encore que, conformément à l'inconvénient inhérent à tous les canaux, celui-ci ne soit pas fermé et mis à sec à
cause de son curage et de ses réparations, ce
qui aura lieu plus souvent qu'ailleurs à raison du
terrain mobile où il est creusé : il faudra bien du
temps, bien du travail et de la dépense pour affer-
mir et consolider un sol tourbeux ou sablonneux.

Lorsque le détournement des eaux de la Somme
aura produit l'effet que nous avons décrit, et que le
port du Hourdel aura justifié les espérances qu'en
conçoivent ses auteurs, ce sera nécessairement là
que les bâtimens d'un tirant d'eau au dessus de
sept pieds, qui ne pourront franchir le radier de
l'écluse, devront stationner et resteront en effet
plutôt que d'aller reposer sur le fond de roc de
Saint-Vallery ; ce sera probablement là que se feront les emmagasinemens et les transbordemens,
enfin cet établissement bien fondé remplacera celui
de Saint-Vallery. On conçoit bien que nous ne
sommes pas de ceux qui prévoient l'époque où
se réaliseront ces merveilles, mais on doit présumer qu'elle a été marquée.

De cet exposé, il résulte qu'actuellement il y a
dans la baie de Somme deux hâvres ou mouillages,
l'un Saint-Vallery, où en grande marée l'eau s'é-

lève de 15 à 20 pieds, et en morte eau de 8 à 10 pieds; l'autre, le Crotoi, où elle s'élève en grande marée de 25 à 30 pieds, et en morte eau de 12 à 15 pieds : que, pour gagner le premier, des navires de 150 à 200 tonneaux ont besoin du concours du vent et de la marée; pour arriver au second, des navires d'un tonnage et d'un tirant d'eau plus que double peuvent entrer facilement par tous les vents; dans le premier, en morte eau, les plus petites embarcations ont peine à entrer et à sortir; dans le second [1], des bâtimens de plus de 100 tonneaux ont aisément cette faculté : que sur 100 navires, un cinquième entre à Saint-Vallery ou s'arrête au Hourdel, et que les quatre autres cinquièmes se rendent au Crotoi : que des bâtimens tenant la mer, peuvent, par le cours de la rivière, dans la même marée, gagner le quai d'Abbeville, et qu'il est impossible de faire, dans la même marée, cette traversée par Saint-Vallery, soit par la rivière, soit par le canal.

Par le projet en exécution, le cours de la Somme est condamné : par conséquent, si le Cro-

---

[1] Dans les plus basses marées, lorsque Saint-Vallery est absolument à sec, il se trouve au Crotoi 10 ou 12 pieds d'eau. Dans les fortes marées, quand les bâtimens flottent à peine à Saint-Vallery, ils ont de l'autre côté 18 et 20 pieds de profondeur.

( LINGUET.)

2

toi ne doit pas être immédiatement enseveli par les sables, si la force du courant du flux doit long-temps encore y maintenir un port naturel, il est du moins menacé d'un inévitable et prochain abandon ; en effet, privé des moyens de correspondre directement avec Abbeville, il ne recevra que de petits navires qui ne s'y arrêteront que jusqu'à ce que le vent et la marée leur permettent de traverser la baie pour gagner l'entrée du canal, passage désormais *unique et obligé* par lequel s'opérera la navigation de la Somme. Comme on n'a rien fait et qu'on semble très déterminé à ne rien faire pour améliorer le port du Crotoi, *afin, probablement, de contraindre le commerce à n'user bon gré malgré que du canal*, l'on n'y fera plus venir des bâtimens d'un tirant d'eau supérieur à celui que peut admettre l'entrée de l'écluse. En effet, comment un navire d'un fort tonnage viendra-t-il au Crotoi, quand on s'est soigneusement étudié à le priver de tout moyen d'y débarquer et d'y charger sa cargaison sur des gribanes ou des alléges. Ce hâvre est réellement frappé d'un interdit qu'à tout prix on paraît résolu à maintenir.

Mais a-t-on bien calculé tous les résultats d'une telle mesure? a-t-on connu toute l'étendue des dommages qu'en éprouverait, non seulement le commerce du département de la Somme, mais encore le commerce maritime du royaume? Je ne le crois pas ; je cherche à me persuader qu'aveuglé par l'intérêt que naturellement on prend à l'accomplissement de son œuvre, on s'est refusé à fixer son attention sur tout ce qui contrarie le succès espéré; qu'ainsi préoccupé d'une seule pensée, on y a subordonné toute autre considération, et l'on a imposé silence à toute observation raisonnable.

Quand on considère les avantages actuels que, sans le travail des hommes, la nature offre déjà à la rive droite de la Somme ; quand on réfléchit à la puissance des causes qui agissent sans cesse non seulement pour maintenir, mais pour accroître ces avantages; qu'on voit qu'il y aurait à faire si peu, pour avoir dans cette baie un port sûr, commode, profond, que l'on peut creuser et étendre si facilement dans un terrain d'alluvion, où l'on peut amener, si on le juge utile, les eaux de deux rivières (l'Authie et la Maie) dont on pourrait tirer un si grand parti pour entretenir non seulement le port dont les eaux courantes enlèveraient les sables et les vases, mais, ce qui est plus important encore, pour creuser le chenal de la Somme, avec laquelle ce nouveau volume d'eau s'unirait; lorsqu'on étudie avec attention le littoral septentrional de la Manche jusqu'à Dunkerque, on voit qu'aucun point de la côte ne reçoit, ne conserve une telle profondeur d'eau , comme on peut le vérifier par l'inspection des cartes*hydrographiques : on ne conçoit pas qu'on ait pu s'arrêter à la pensée de sacrifier une aussi belle et aussi précieuse position maritime, en regard et à 18 lieues du rivage britannique, où les navires sont à l'abri non seulement des tempêtes , mais tout-à-fait hors de l'atteinte des ennemis , qui ne se hasarderaient jamais à s'engager dans le dédale des passes de la baie.

Quelle est la cause et l'objet d'un tel sacrifice? Un canal conçu, projeté il y a 70 ans, dont il était réservé à notre âge d'apprécier *le mérite*. L'exposé que nous avons fait de l'état auquel il réduit la navigation de la baie de Somme, constate son utilité, qu'il borne à un seul point, à Saint-Vallery *qui doit seul en profiter*. Tous les bâtimens devant désormais y arriver pour entrer dans le canal, ils y stationneront quand le canal sera fermé par les glaces ou par le chômage occasioné par ses réparations ; ce sera dans ce port ou dans celui du Hourdel que se feront les transbordemens, les emmagasinemens ; *le canal est donc utile à Saint-Vallery, à Saint-Vallery seul.* Mais il a incontestablement un effet tout contraire pour Abbeville, dont il arrête la prospérité renaissante ; il nuit au commerce si important d'Amiens et de tout le département , en le privant des ressources que lui procurerait un port sûr, commode, où il pourrait faire aborder des bâtimens de toutes les forces, et en le contraignant à subir pour jamais les inconvéniens du genre de ceux que signale Linguet dans sa troisième lettre sur le canal de la Somme[1] ; il scinde et abolit toutes les relations qu'avaient et

[1] Depuis février 1764 jusqu'en juillet même année, dit Linguet (lettre 3e sur les canaux), trente vaisseaux chargés de grains sont restés sur la grève de Saint-Vallery, sans pouvoir s'en détacher, quoiqu'ils y aient dû passer l'équinoxe de mars ; et, sans un heureux hasard qui a favorisé leur sortie, il est probale qu'elle aurait été retardée au moins jusqu'en septembre.

Vous vous rappelez ce que je vous ai dit de ce prétendu port. Les bâtimens ne peuvent s'arracher de dessus la grève meurtrière qu'avec le secours des fortes marées, et alors même, pour se mettre en mer, il leur faut un vent exprès qui seul peut les sortir du port. Sans le concours parfait du vent et de la marée leurs tentatives sont inutiles. C'est en vain que l'une les soulève, si l'autre n'est prêt à les dégager des écueils où ils languissent ; mais c'est en vain aussi qu'ils voient leurs voiles s'enfler du côté qu'ils désirent, si la mer, en inondant toute la plage, ne leur donne moyen de mettre à profit la bonne volonté des vents. Sans cela, semblables à des malades épuisés, que l'ennui tourmente sur leurs fauteuils et que les forces abandonnent dès qu'ils essaient de marcher, ces malheureux navires, après avoir surnagé un instant, retombent sans mouvement sur le lit fatal qui les brise. Telle est, depuis six mois, la position de ceux dont je parle : ou ils se débattent sans succès sur le sable pour ramper jusqu'à l'eau qui les fuit, ou, quand cette eau semble se rapprocher d'eux, ils rappellent avec peu de succès le vent qui s'en éloigne.

qu'exerçaient librement et *sans tarifs*, par la Somme, cette riche contrée du Marquenterre et la forêt de Crecy, dont les productions en bois, charbons, grains, trouvaient par là leur débouché. On objectera peut-être que le commerce d'Amiens réclama dans tous les temps le canal de Saint-Vallery, que c'est même l'opinion de ses délégués, dans les commissions d'enquête, qui prévalut sur l'opposition d'Abbeville : j'en conviendrai; mais alors les rivalités entre les principales villes d'une même province avaient de l'importance; aujourd'hui, elles ont disparu, parce qu'on sait que la prospérité d'une place, loin d'altérer, développe, étend la prospérité de celle qui l'avoisine; alors aussi la nature n'avait pas encore définitivement tranché et décidé la question en litige, comme elle l'a fait depuis; on faisait à cette époque d'inutiles efforts pour sauver les bas-champs de Noyelles, dont la conservation joue un si grand rôle en cette affaire[1]; on espérait, en écar-

---

[1] Celui qui proposa avec une persévérance que couronna le succès, le projet de donner des entraves à la Somme pour prévenir son éloignement de Saint-Vallery, s'y trouvait, par une circonstance heureuse et très propre à redoubler son zèle, particulièrement intéressé; en sorte, dit Linguet, que ce qu'il crut bon pour produire l'avantage général, est à coup sûr très favorable à ses intérêts particuliers. M. *** est concessionnaire d'une vaste étendue de terrain près du village de Noyelles, sur la rive

tant la Somme de ces *précieuses* propriétés, les préserver de l'inondation ; mais cette puissance irrésistible si bien définie par Lamblardie, mieux démontrée encore par l'expérience, a renversé tous les obstacles qu'on lui opposait, a détruit illusions et espérances. La Somme s'est fixée sous les murs du Crotoi ; on a reconnu, on a éprouvé les avantages de cette situation, qu'améliore de plus en plus le courant qui y afflue ; les navires l'ont fréquenté et ont abandonné Saint-Vallery.

Un canal a pour principal objet de faciliter et d'assurer une navigation constante, quand elle ne peut, par une cause quelconque, avoir lieu par un cours d'eau naturel. Ainsi, l'on a considéré que la navigation par la Somme ne pouvant exister qu'à la faveur de la marée, il fallait, par un canal, ac-

septentrionale de la Somme ; il y a droit sur environ trois cents mesures de terres, mais il n'y en a guère que cent dont il puisse jouir : la rivière occupe le reste. Si l'on pouvait la chasser tout entière vers le sud, et ne lui permettre de se dégorger qu'au dessous de Saint-Vallery, à une lieue de Noyelles, il est clair qu'elle serait forcée de restituer le terrain qu'elle enlève à ce village. La concession faite à M. ***, éludée aujourd'hui par les usurpations de la Somme, aurait alors son plein effet. Personne ne gagnerait plus que lui à se débarrasser de cette voisine incommode, à l'envoyer lutter contre les sables sur la grève de Saint-Vallery.

quérir la faculté de la pratiquer en tous temps ,
sauf ceux des chômages obligés. L'avantage qu'on
en obtiendrait, peut-il être mis en balance avec les
inconvéniens au prix desquels on l'achète? Tout
le monde sait que les capitaines de navires se rè-
glent, pour entrer dans un port, sur le moment où
les marées leur en permettent l'accès ; d'après ce
que nous avons dit sur la hauteur de la marée en
morte eau au port de Saint-Vallery, on voit qu'il
est bien difficile qu'il y parvienne des navires d'un
tirant de plus de 6 à 7 pieds ; il n'y aurait donc que
des embarcations de cette sorte, c'est-à-dire d'une
trentaine de tonneaux , pour lesquels la navigation
serait constante, toutefois à la condition de vents
qui permettraient l'arrivée directe, ou la traversée
du Crotoi à Saint-Vallery, que néanmoins nous
croyons peu facile en morte eau. Mais les navires
au dessus de cette capacité seront soumis, comme
dans tous les autres ports de la Manche, à attendre
qu'il entre un volume d'eau suffisant. Il est bien
évident, d'après cela, que l'ininterruption de la navigation est une véritable chimère, et qu'on n'a
pu s'en prévaloir qu'auprès de gens qui ne con-
naissent pas la situation de Saint-Vallery.

La Somme n'est navigable que pendant les vives eaux ; c'est pendant les vives eaux que les na-
vigateurs, pour leur propre sûreté, s'engagent

dans des passes, au milieu de bancs accores et dangereux. C'est donc à cette époque, et non pendant les temps de morte eau, qu'ils entreront en Somme : ils pourraient, comme nous l'avons dit, entrer au Crotoi; ils ne pourraient, comme nous l'avons prouvé, arriver à Saint-Vallery. L'espoir d'une navigation constante par le canal est donc déçu; elle ne sera, à très peu d'exception près, que périodique, et par le chenal de la Somme elle sera tout-à-fait arrêtée. Voilà les avantages que procure au département l'inflexible obstination de l'administration, qui, depuis 70 ans, s'est fait un point d'honneur de s'opiniâtrer dans son invariable et mauvais système; voilà où aboutit et comme se termine un canal destiné à établir une communication de la mer avec Paris, et qui, joignant la Somme à l'Escaut, s'unit avec les nombreux canaux de la Flandre. C'est ainsi que cette communication avec la mer, qui couronnait si bien ce beau système de la canalisation du nord de la France, qui promettait à la Picardie une source de richesses et de prospérité, finit en un impasse ! Ce n'est pas seulement dans les intérêts d'Abbeville, dont cette funeste opération ruinera le commerce, mais c'est dans ceux de la capitale et de la France septentrionale, que nous signalons et que nous déplorons les fautes commises. Elles ne sont pas, dit-on, irréparables ; non sans doute, pour qui est peu soucieux des fonds du trésor public, pour qui il est indifférent d'ajouter *à plus de* 12 *millions déjà dépensés*, une somme égale ou peut-être supérieure, enfin pour qui se dédommage de l'inutilité du résultat d'une entreprise par le mérite réel de quelques œuvres de détail. Déjà, si l'on en croit certain bruit, l'administration ne pouvant se refuser à l'évidence, exhumerait certains projets qui gisent depuis un demi-siècle dans ses cartons. Le canal, suivant l'un d'eux, ne s'arrêterait plus à Saint-Vallery; il passerait sous ses murs, il tournerait ensuite la montagne, traverserait les bas champs de Lenchères et de Brutelle, et aboutirait au hable d'Ault, où l'on creuserait un port *et où l'on bâtirait une ville*. D'après un autre projet, le canal tournant en deçà de Saint-Vallery, serait dirigé par la vallée d'Amboise, passerait près de Neuville, Rossigny, Lenchères, et aboutirait au hable d'Ault.

Nous ne contesterons pas *la possibilité* de telles entreprises; nous sommes même convaincus que leur complète exécution aurait un grand et important résultat ; mais ce que nous savons aussi, c'est qu'il ne suffit pas qu'une chose soit *possible* pour qu'elle soit *praticable*, et pour qu'un état doive l'entreprendre. Le canal de la Somme n'aurait jamais une utilité relative à l'immensité des sacrifices que nécessiterait, pendant un temps indéterminé, un travail aussi considérable. Mais, m'objectera-t-on, que deviendront ces travaux si dispendieux que nous avons faits jusqu'alors, si le canal dans son état actuel, s'arrêtant à Saint-Vallery, au lieu de facilter, entrave le commerce de la Somme, et ruine celui d'Abbeville? Si nous obtenions un tel aveu, nous répondrions : Ayez le noble courage de reconnaître que le projet que conçurent et entreprirent vos prédécesseurs était mauvais ; nous n'accuserons alors que le gouvernement qui eut le tort de repousser les réclamations qui lui furent faites en temps opportun ; nous reconnaîtrons que l'administration actuelle s'est crue obligée de continuer un ouvrage approuvé et entrepris depuis long-temps. Nous rendrons l'hommage si justement dû aux talens distingués et au mérite des habiles ingénieurs qui, successivement, dirigèrent les beaux travaux dont nous regrettons l'inutile dépense.

Dans l'hypothèse où l'évidence des faits aura convaincu des inconvéniens du canal de Saint-Vallery, que devra-t-on faire ? Nous le dirons franchement, *renoncer au projet de porter la Somme à Saint-Vallery*, la laisser dans son chenal actuel, améliorer ce chenal en l'approfondissant autant

qu'il sera possible sur la droite, en exécutant depuis Port jusqu'au Crotoi les travaux que l'on
veut faire de la Ferté au Hourdel. On renonce,
par ce moyen, au canal ; les énormes dépenses
faites sont ainsi perdues ; cela est bien regrettable
sans doute, mais dans toute mauvaise opération
ne vaut-t-il pas mieux sauver les intérêts que de
sacrifier le capital, et ici le capital est le commerce
d'Abbeville , d'Amiens et du département de la
Somme, la réalisation des avantages qu'on doit attendre du canal qui unit Paris à la mer, et la Flandre à
la Picardie ; enfin, c'est la clôture d'incalculables
et interminables dépenses '. Bien qu'on puisse
dire, en me servant des termes du compte rendu
de l'année 1832, « que ce canal est achevé , il reste
cependant des travaux de perfectionnement qui
consistent à recreuser sur plusieurs points le lit
du canal, à recharger les digues affaissées, etc. Ces
travaux, ajoute-t-on, ne laisseront pas cependant
que *d'exiger un supplément de fonds considérable.* » On se servait des mêmes expressions au
compte rendu pour 1831, en sorte que nous avons
lieu de présumer qu'il y aura toujours des deman-
des de fonds considérables : en pourrait-il être au-
trement dans le terrain où ce canal est creusé ?

' Voir la note 3°.

Nous croyons que le commerce de la Picardie est trop gravement engagé, pour que la question que nous venons de traiter reste sans solution ; l'affaire a trop d'importance pour être étouffée par la force d'inertie, qui est le despotisme de la centralisation. Le temps est venu de prononcer sur les réclamations qui s'élèvent de toutes parts. Une enquête solennelle doit être provoquée, afin que le gouvernement, afin que les chambres, après avoir appelé et entendu les organes du commerce, de la marine et de la propriété, prononcent définitivement sur ce grave litige.

# APPENDICE.

(Extrait du Mémoire sur les côtes de la Haute-Normandie comprises entre l'embouchure de la Seine et celle de la Somme, considérées relativement au galet qui remplit les ports situés dans cette partie de la Manche, par M. de Lamblardie, ingénieur des ponts et chaussées. — Au Hâvre, chez Faure, imprimeur du roi. — 1789.

### Description abrégée de la côte comprise entre la Seine et la Somme.

Le développement de la côte comprise entre la Seine et la Somme, est de 40 lieues marines de 20 au degré, ou de 114,000 toises. Le Havre, Fécamp, Saint-Vallery en Caux, Dieppe, le Tréport et Saint-Vallery-sur-Somme, sont les ports situés sur cette côte. Ils restent totalement à sec, lorsque la mer est basse, et les navires ne peuvent y entrer que lorsque la mer a monté d'une hauteur relative à leur tirant d'eau.

Cette partie de côte n'offre point, comme celle d'Angleterre qui lui est opposée, des angles saillans et rentrans, qui forment des baies renfoncées et des ports naturels, dans lesquels le navigateur trouve un abri sûr contre la tempête. La côte d'Angleterre est à l'abri des vents de la partie de l'ouest et du nord-ouest, tandis que celle de la Haute-Normandie est constamment exposée à l'action de la mer fortement agitée par les vents régnans. Elle n'a donc pu conserver ni baies ni pointes saillantes, et les angles qu'elle forme dans son pourtour sont tellement émoussés et arrondis, qu'elle ne présente dans toute sa longueur que de grandes courbures aplaties et assez uniformes.

On y distingue cependant deux caps , celui d'*Antifer* et celui d'*Ailly ;* la formation du cap d'Antifer, situé entre le Havre et Fécamp, n'est point due au hasard, et des causes continuellement uniformes tendent toujours à le maintenir dans son état.

Lorsque la mer monte dans la Manche, elle est sujette à différens courans relatifs aux gisemens de la côte et aux baies qu'elle remplit : parmi ces courans il en faut distinguer un que nous nommerons *courant principal ;* c'est celui du large qui suit le milieu du canal , et auquel est soumise la plus grande partie de la marée montante.

Vis-à-vis chaque baie, il se détache du courant principal une masse d'eau proportionnelle au vide de cette baie : il se forme alors un nouveau courant dont la vitesse et la direction tiennent : 1º de la vitesse et de la direction du courant principal; 2º de la vitesse et de la direction dues à la pente qui sollicite la mer à se porter par le chemin le plus court dans la baie. Ce nouveau courant ne tend donc point perpendiculairement vers le vide à remplir ; il décrit une ligne oblique et vient frapper la côte au delà de l'embouchure de la baie, dans laquelle la mer entre par conséquent du côté opposé à celui d'où vient la marée montante.

Le point de la côte où le courant vient frapper, et la ligne qui sépare ce courant du courant principal, sont d'autant plus éloignés de l'embouchure' de la baie*, dans laquelle la mer entre par consé-quent du côté opposé à celui d'où vient la marée montante.

Le point de la côte où ce courant vient frapper, et la ligne qui sépare ce courant du courant principal , sont d'autant plus éloignés de l'embouchure de la baie, que le vide de cette baie et la pente du courant qui tend à la remplir, sont plus considérables.

Appliquons ces principes à la formation du cap d'Antifer. Lorsque la marée montante a doublé le cap de *Barfleur*, elle dépasse l'embouchure de la Seine qui forme une baie très vaste. La masse d'eau qui se détache du courant principal pour remplir cette baie, suit la résultante de deux forces qui la sollicitent ; la première est le mouvement que cette masse d'eau avait acquis avant d'être séparée du courant principal ; la deuxième vient de la pente qui l'entraîne vers l'embouchure de la Seine, au nord de laquelle est la direction de cette résultante, qui vient rencontrer la côte dans un point quelconque.

La ligne de séparation de ce courant d'avec le courant principal vient aussi joindre la côte dans un point un peu plus nord que le précédent. Il doit y avoir division de forces à ce point de séparation, la marée s'y divisant naturellement pour courir en deux sens contraires. Ce point doit donc être celui de la côte contre lequel il se fait le moins d'efforts ; il doit donc être le moins détruit, et former un angle saillant : c'est le *cap d'Antifer*.

La même ligne de séparation est le sommet d'un plan incliné que forme la surface supérieure de la marée montante qui coule vers l'embouchure de la Seine. Cette pente existe encore lorsque la vitesse du courant principal est zéro, c'est-à-dire quand la mer est pleine au large, où, passé ce moment, elle doit avoir baissé quelque temps, pour que le jusant commence à l'embouchure de la Seine. C'est là une des causes pour lesquelles le port du Hâvre garde son plein pendant un temps dont la durée est encore accrue par l'effet de la marée baissante, dont le courant, en se portant sur la côte *de la Hougue*, occasionne, vers l'embouchure de la Seine, un remous qui empêche la rivière de descendre.

On peut encore déduire des principes ci-dessus : 1° qu'un courant qui remplit un port, y entre toujours par le côté opposé à celui d'où vient la marée montante : ce courant prend dans plusieurs endroits le nom de *verhaule*, et la ligne qui sépare les deux courans s'appelle *lime* et *rondaine* ; 2° que du côté opposé à celui d'où vient la marée montante, il doit se former sur la côte, au point de séparation des deux courans, un petit cap dont la distance à l'autre du port est d'autant plus grande que la quantité d'eau qui se porte vers le port est plus considérable ; 3° que la mer monte moins haut dans l'intérieur d'un port qu'au large où le courant principal a lieu, et que la différence des hauteurs est en raison de la distance du courant principal à l'entrée du port ; 4° enfin qu'il doit monter moins d'eau au Hàvre que dans les autres ports de la Manche compris entre la Seine et la Somme. ( Cette différence est de 6 à 7 pieds environ. )

Les terres supérieures *du cap de l'Ailly*, dont l'existence tient à d'autres causes que celles qui ont formé celui d'*Antifer*, contiennent beaucoup de grés en grandes masses. *Ce cap était autrefois plus avancé vers la mer qui l'a détruit;* les vagues ont délayé, et les courans ont enlevé les terres et la marne qui constituaient la partie qui en a disparu ; les masses de grés tombées sur la plage ont seules résisté et formé des brisans qui divisent les vagues, en modèrent la force, et diminuent considérablement leur action sur le pied du cap, tandis qu'à droite et à gauche la côte est vivement attaquée. Mais lorsque, le long d'un rivage, il y a dans une partie moins d'action de la part de la mer, la destruction de cette partie doit être aussi moins considérable, et par conséquent elle doit former un cap.

Les vallons et les vallées qui aboutissent à la mer sont à peu près perpendiculaires à la direction du sud-ouest au nord-est, qui est celle des vents pluvieux, et il résulte de cette position que le coteau du côté du nord-est descend très rapidement vers le fond de la vallée, tandis que celui du sud-ouest offre une pente douce et très alongée. En effet, le coteau du nord-est est alternativement battu par les pluies du sud-ouest qui le frappent presque perpendiculairement, et desséché, consolidé même par l'ardeur des rayons du soleil en son midi, auquel il est pleinement exposé; tandis que les terres du côté du sud-ouest, qui ne reçoivent point ou presque point les influences du soleil, conservent toujours une grande humidité qui les rend faciles à être attaquées, délayées et entraînées par le choc oblique des pluies du sud-ouest qui sont forcées par le vent à prendre dans leur chute une direction assez inclinée à l'horizon, plus favorable que toute autre pour dégrader le sol qu'elles attaquent.

Les rivières qui coulent au fond de ces vallées, reçoivent les eaux pluviales chargées des terres qu'elles ont délayées et entraînées, et tendent constamment à élargir du côté du nord-est leur lit toujours comblé et rétréci du côté du sud-ouest par ces alluvions.

Ces rivières approfondissent donc continuellement leur lit du côté des coteaux exposés à la direction des vents pluvieux ; elles sont donc incessamment pressées contre ces côteaux dont elles tendent à rendre la pente plus rapide, qu'elles s'efforcent même de rendre à pic, en les attaquant constamment à leur pied, tandis que du côté opposé, la pente des coteaux tend à s'alonger par la descente des terres entraînées par les eaux pluviales.

On peut déduire de cette théorie l'explication des observations suivantes : 1º dans toutes les vallées dont la direction est perpendiculaire, ou à peu près, à celle des vents pluvieux, la pente de la montagne exposée à ces vents est toujours plus rapide que l'autre ; 2º les rivières ont leur cours au pied des montagnes les plus rapides, et leur lit est plus profond de ce côté que de l'autre, etc.

### *De la formation du galet.*

Les parties de la côte comprises entre les vallées dont nous venons de parler, opposent vainement aux efforts de la mer agitée, de grandes falaises de 200 pieds de hauteur réduite au dessus de son niveau.

Ces falaises, composées de bancs de marne séparés par des couches de silex, sont sapées à leur pied par le choc des vagues : bientôt toute la partie supérieure est en surplomb , se détache , tombe et se brise par l'effet de sa chute. La mer achève de diviser cette masse , et les eaux se chargent de la marne qu'elles ont délayée pour en former des dépôts.

Le silex est roulé le long de la côte par le choc réitéré des vagues , il s'use ; ses parties anguleuses se brisent ; il s'arrondit enfin , acquiert une forme sphéroïdale, et prend alors le nom de *galet*. Tout ce que le silex perd de sa grosseur , en passant de sa forme primitive à celle de galet, est converti par le frottement en petit gravier et en sable.

Aux efforts continuels de la mer , se joignent encore d'autres causes qui concourent à la destruction des falaises. Des fentes presque verticales reçoivent les eaux pluviales qui filtrent à travers les terrains supérieurs. Lorsque ces fentes se trouvent parallèles à la face des falaises et que l'eau qu'elles contiennent en hiver est assez exposée aux influences de l'air pour entrer en congélation, la dilatation qu'elle éprouve alors détache avec force des parties de falaises et les précipite dans la mer. Fort souvent le dégel occasionne la chute des masses que la dilatation de l'eau glacée n'a pu que diviser. Ainsi, la destruction des falaises est un effet de la nature auquel l'art ne pourrait opposer qu'une vaine résistance.

Mais quand et à quelle époque la mer a-t-elle commencé à détruire nos côtes? Les falaises que nous voyons actuellement hautes et coupées à pic allaient-elles vers la mer en conservant leur même hauteur, ou le canal de la Manche n'était-il qu'une vallée dans laquelle la force des vagues et des courans s'est enfin ouvert un passage ? On ne peut répondre à ces questions que par des probabilités [1] : 1° les côtes d'Angleterre nous indiquent qu'étant de la même nature que les nôtres, cette énorme solution de continuité n'a pas dû toujours exister; 2° une ancienne mais très confuse tradition nous porte à croire que le niveau de la mer s'est autrefois élevé sur une partie des côtes de la Manche et dans l'embouchure de la Seine, à une plus grande hauteur que de nos jours. On indique plusieurs endroits reculés dans les terres où les hautes marées ne peuvent plus atteindre. Or, on sait que dans la baie de *Cancale*, dans le *raz Blanchard* et dans le *canal de Bristol*, la mer s'élève à plus de 40 pieds au dessus des basses mers, hauteur presque double de celle à laquelle elle monte à *Cherbourg*, *au Hâvre*, etc. On peut

---

[1] Les anciens ne formaient aucun doute que la Sicile n'ait été séparée du continent par une grande révolution naturelle. Pline nous apprend que l'île de Cypre a été séparée de la Syrie, l'Eubée de la Béotie, Besbicus de la Bithynie. Si les anciens n'ont point parlé de la Grande-Bretagne, on peut conjecturer, par divers passages de Virgile et de Claudien, qu'ils ne doutaient point qu'elle n'ait été séparée de la Gaule par la rupture d'une isthme qui l'y unissait. Claudien dit :

*Nostro deducta Britannia mundo.*

donc présumer avec assez de vraisemblance que la Manche était autrefois fermée, et qu'alors, comme dans celle *de Bristol*, la mer s'y élevait à une bien plus grande hauteur qu'à présent; il est encore très probable que cette hauteur a diminué à mesure que la Manche s'est élargie, comme elle diminuerait dans le *raz Blanchard*, si les îles de *Guernesey*, *Jersey* et *Aurigny* étaient détruites; comme la hauteur et l'effet du flot nommé *la Barre* dans la Seine, et *Mascaret* dans la Dordogne, diminuent par l'élargissement du lit de ces rivières, et qu'alors se sont formés les dépôts qui ont comblé les vallées dans l'intérieur desquelles la mer ne pénétrait plus jusqu'à de si grandes distances.

La mer basse nous découvre des parties de falaises qui ont été détruites et emportées; le frottement et la force des vagues les plongeront par la suite au dessous du niveau des eaux, comme bien d'autres qu'on ne peut plus découvrir qu'à la sonde. Ces parties de falaises que la mer nous laisse voir en se retirant, offrent tout le long de la côte des écueils dangereux; la mer les détruit et en produit de nouveaux en reculant ses bornes. Ces écueils forment le long du rivage, entre *le Hâvre et Saint-Vallery-sur-Somme*, une bande de 160 toises de largeur réduite, sur 114,000 toises de longueur, ce qui produit une superficie de 18,240,000 toises carrées.

Les couches de silex dont les falaises sont composées, n'ont point cette même superficie; leur plan ressemble assez à de grosses racines d'arbres qui viennent se joindre mutuellement et qui laissent entre elles des vides assez considérables. Ces vides peuvent former les trois cinquièmes de la surface totale, ce qui réduit celles des couches de silex à 72,960,000 toises carrées.

Le nombre de ces couches est ordinairement de 60, à compter du niveau de la basse mer jusqu'au haut de la falaise; leur épaisseur varie beaucoup : on peut la réduire à trois pouces, c'est le moins, ce qui produit, pour les 60 couches, quinze pieds de hauteur. Ainsi, le cube de silex provenant seulement de la destruction des falaises qui ont existé sur les rochers qui découvrent actuellement à marée basse, entre le Hâvre et Saint-Vallery-sur-Somme, est de 18,240,000 toises cubes.

Ces silex, en passant de leur état primitif qui est communément cylindrique, à la forme de galet qui est à peu près sphéroïdale, perdent eneore un tiers de leur volume.

La grosseur des galets doit aussi diminuer par leur froissement continuel les uns contre les autres; cette diminution qui doit être considérable, est très difficile à déterminer : cependant, vu la petitesse à laquelle ils se trouvent réduits lorsqu'ils ont été roulés pendant un certain temps, on fixera cette diminution encore à un tiers.

Ainsi, la destruction de la partie des falaises qui découvrent le long de la côte à marée basse, aura produit environ 6,080,000 toises cubes de galet, et 12,160,000 toises cubes de sable.

La distance *moyenne* des côtes de l'Angleterre à celle de la Haute-Normandie, est de 30 lieues marines, ou de 85,500 toises. Comme le courant du flux et du reflux entraînait, par sa grande rapidité, les débris des côtes à mesure qu'il les détruisait, on présume que le silex n'aura pas eu le temps de s'arrondir dans les premiers temps de la formation du canal de la Manche ; il a fallu une certaine largeur à ce canal, qu'on supposera égale à celle du Pas-de-Calais, où se trouve le port de *Douvres* à l'entrée duquel il y a du galet. Il y aurait donc eu, depuis cette époque, 12 lieues de largeur de côtes détruites du côté de la France, formant 34,200 toises, et autant du côté de l'Angleterre, qui ont dû produire plus de cinq billions de toises cubes de sable, et deux billions cinq cent mille toises cubes de galet.

Par cet aperçu, l'on doit juger de l'immensité de galets qui a dû se former depuis que la mer a séparé l'Angleterre du continent, et l'on ne doit plus être étonné si tous les ports et toutes les baies qui se trouvent le long de la côte entre le Hâvre et Saint-Vallery-sur-Somme en sont totalement remplis. L'opinion de ceux qui pensent que la mer les repousse de son sein sur nos côtes, doit être regardée comme sans fondement. Quelque recherches, en effet, que nous ayons faites, nous n'en avons jamais trouvés ni dans les creux des écueils, ni dans les parcs contruits çà et là le long du rivage ; et si le galet venait du large, il aurait commencé par les remplir. D'ailleurs, les rivières qui ont leur embouchure entre la Seine et la Somme ne sont point assez fortes, et leurs sources ne sont point assez éloignées, pour que le peu de cailloux qu'elles peuvent porter à la mer puisse entrer en ligne de compte dans les masses immenses de galet qui bordent la côte.

A l'égard des sables poussés par les vents de la partie du nord-ouest, ils ont très probablement formé toutes les dunes qui commencent à l'embouchure de la Somme, et s'étendent du côté de la Flandre.

### Des cours du galet.

On a reconnu, par des observations et des calculs comparés, que chaque année, l'une dans l'autre, la côte était détruite au moins d'un pied réduit sur toute sa longueur.

|  |  |  | SUPERFICIE. | CUBE. |
|---|---|---|---|---|
| Cette longueur est de.......... 114,000 t. |  |  |  |  |
| Largeur réduite............... | 1 p. |  | 19,000 t. | 47,500 t. |
| Hauteur des couches de silex. | 2 | 3 |  |  |

Il ne faut prendre que les deux cinquièmes de ces 47,500 toises cubes pour avoir la masse de silex que fournit, chaque année, la destruction des parties de falaises qui se détachent.

Cette masse est de 19,000 toises cubes ; par consé-

quent la côte doit fournir, chaque année, 16 toises
4 pieds cubes de silex de cent toises en cent toises,
qui doivent produire, dans la suite, 5 toises 3 pieds
4 lignes cubes de galet.

## NOTE PREMIÈRE.

La côte comprise entre le Hâvre et Saint-Vallery-
sur-Somme fournit annuellement 19,000 toises cubes de silex, et par conséquent 6,300 toises cubes de
galet. On a tout lieu de croire que cette masse ne
reste point le long de la côte, et qu'à la fin d'une
année, à partir d'une époque quelconque, les 6,300
toises cubes arrivent au but que la nature leur a
fixé. En effet, si, dans l'espace d'une année, l'action
des vagues ne pouvait débarrasser la côte des 6,300
toises cubes qui se sont formées dans ce temps, il
s'en ferait nécessairement un amas le long du rivage, qui garantirait le pied des falaises du choc des
vagues. Les falaises ne se détruisant plus, le galet
n'aurait plus lieu ; mais l'épaisseur des falaises dimi-
nue tous les ans d'un pied : il faut donc que l'action
des vagues débarrasse le rivage des 6,300 toises cubes de galet que la chute d'un pied de largeur de falaises a occasionées.

Tout ce galet court le long de la côte en deux
sens diamétralement opposés. Au Hâvre-de-Grâce,

en regardant la mer, il vient de la droite ; au Tréport, à Dieppe, à Saint-Vallery en Caux et Fécamp,
il vient de la gauche, et ces deux mouvemens ne
sont occasionés que par le gisement de la côte, qui
forme, entre le Havre et Fécamp, un angle saillant,
à droite et à gauche duquel l'effort des vagues se
décompose le long du rivage en des directions contraires.

Cet angle saillant est le cap d'Antifer. La direction
des vents de la partie du nord-ouest, les plus fré-
quens et les plus violens qui règnent dans la Manche, se divise en deux parties égales, en sorte que le
galet est obligé de s'y partager : une portion dépasse le Havre et va former la pointe du *Hoc;* l'autre
portion dépasse Fécamp, Saint-Vallery en Caux,
Dieppe, le Tréport, et vient augmenter le territoire
de Cayeux en formant la pointe du Hourdel. Le galet encombre dans sa course tous les ports qui se
trouvent sur son passage, et l'excédant est roulé jusqu'au point que l'on vient d'indiquer.

On ne trouve autour du cap d'Antifer qu'un galet local et en très petite quantité, tandis que cette
quantité va toujours en augmentant le long du reste
de la côte, à fur et à mesure qu'on s'éloigne du point
de partage. Il suit en effet de ce que nous avons dit
ci-dessus, qu'il passe annuellement à Fécamp,
éloigné de cinq lieues du cap d'Antifer, en suivant
le contour de la côte, 750 toises cubes de galet ; à
Dieppe, éloigné de 20 lieues, 3,000 toises cubes, au

Tréport, éloigné de 26 lieues, 4,125 toises cubes ; et qu'il en doit enfin arriver à la pointe du Hourdel , éloigné de 35 lieues, 5,300 toises cubes ; il n'en doit arriver au Havre et par conséquent à la pointe du Hoc , que 1,000 toises cubes par an. (Lamblardie.)

## NOTE DEUXIÈME.

### *Des effets de la destruction du cap de l'Ailly.*

La force du courant qui, du cap d'Antifer, porte en ligne directe au nord , était brisée et détournée par le cap de l'Ailly qui s'élevait autrefois beaucoup plus au large. Les récifs de grés , débris indestructibles du noyau de ce cap, s'étendent aujourd'hui à une lieue ; on doit croire qu'ils se prolongeaient encore plus, puisque les instructions pour la navigation publiées officiellement en 1804, recommandent de ne pas approcher plus près que 15 ou 16 brasses d'eau, c'est-à-dire à environ 3 lieues, à cause des nombreux écueils qui existent dans cet intervalle. La mer ne cesse de saper la pointe qui subsiste aujourd'hui ; son extrémité, où l'on édifia en 1775 le phare, est menacée d'un prochain écroulement.

Plus l'obstacle qui éloignait le courant a diminué, plus le courant s'est rapproché, plus son action se rapproche encore de la côte.

La destruction du cap a changé la face du littoral qu'il abritait. D'abord les galets, et bientôt après tous les terrains d'alluvion retenus en amont du courant, dans le golfe que fermait le cap, ont été entraînés et se sont répandus à l'ouverture des vallées de Dieppe, de Criel, du Tréport, dont ils ont rempli les vides, que le seul éboulement des falaises depuis l'Ailly n'avait pas encore suffi pour combler. Cette conjecture a à son appui des témoignages irrécusables. Quand on examine le sol de toutes les vallées, on reconnaît que les bancs de galets qui les bornent à la mer n'ont pas une largeur de plus de 400 à mille toises ; qu'à cet endroit où s'arrête le banc de galets purs, commence un sol vaseux, blanchâtre, dans lequel on trouve des débris de coquillages entremêlés de quelques galets d'un petit volume, qui prouvent le séjour prolongé des eaux de la mer, à une époque où elle ne charriait pas ces masses épouvantables de silex qu'elle a amoncelées depuis. Alors les navires remontaient dans la vallée de Dieppe jusqu'à Arques, et la ville d'Eu était un port dont le Tréport était non l'*ulterior*, mais bien effectivement l'*ultraportus*. On pourrait, d'après cette observation, conjecturer l'époque où la destruction du cap de l'Ailly ouvrit un passage d'abord aux galets, et plus tard aux atterrissemens rongés et entraînés par les vagues. Il ne s'agirait que de calculer, ce qui peut se faire sur tous les points de la côte, ce que, dans un temps prescrit,

les galets ont gagné à l'ouverture de toutes les vallées de ce littoral. L'on verra que, depuis 300 ans,
ils ont étendu de plus de 200 toises le Perray de
Dieppe, et d'au moins autant celui du Tréport; on
reconnaîtra la vaste superficie dont ils ont accru le
territoire de Cayeux en repoussant l'embouchure
de la Somme. Des tours édifiées à l'entrée des ports
de Dieppe et du Tréport, dont la mer battait le pied
au commencement du 16e siècle, sont éloignées de
la ligne du flot en haute mer, des distances que j'é-
nonce.

Tel fut et tel est encore l'inévitable résultat de la
destruction du cap de l'Ailly. Mais en encombrant
nos ports et nos baies, le courant, qui n'est plus
écarté par l'obstacle qu'il attaque et qu'il détruit
chaque jour, exerce son action sur des points au
dessus desquels il était jeté et qu'il n'atteignait pas.
Ainsi, depuis le milieu du dernier siècle, la mer
porte dans l'anse que forme la côte, depuis Mers
jusqu'à l'entrée de la Somme, un volume d'eau
beaucoup plus considérable, dont les vagues attaquent avec fureur la falaise au dessus de laquelle est
bâti le bourg d'Ault placé au centre de la courbe.
Déjà les deux tiers de ce bourg sont détruits, et, dès
1782, plusieurs rues avaient disparu. Ce courant
impétueux suivant sa direction entre dans la baie de
la Somme, et porte naturellement, par la force qui
le pousse, sur le nord de la baie. ( L'auteur.)

## NOTE TROISIÈME.

Le gouvernement de la restauration voulut marquer son époque par la canalisation générale de
la France, comme nous voulons marquer la nôtre
par des chemins de fer, dont notre ardente imagi-
nation sillonne aujourd'hui la surface du royaume.
Rien ne l'arrêta ; un emprunt de 129 millions fait
aux conditions les plus onéreuses, et consenti avec
une facilité, un abandon qui prouvent ce que la
préoccupation et l'enthousiasme peuvent produire
sur les assemblées délibérantes, fut ajouté à 50 autres millions dépensés antérieurement pour les travaux commencés et imparfaits. On devait, au moyen
de l'emprunt, dans le délai prescrit de quelques
années, jouir de 607 lieues de canaux. Les délais
sont expirés pour la plupart, et nous n'avons encore
que 378 lieues navigables. Cependant les 129 millions sont consommés, et les aperçus de la dépense
faite ou à faire au delà de l'emprunt pour l'achèvement de la vaste entreprise, étaient selon le directeur
des ponts et chaussées, en 1832, de 76,453,609 fr;
ils sont, suivant le rapporteur de la commission des finances en 1833, de 90,644,470 fr. 93 c.
Ce qui fait qu'en un cas si douteux, on peut, sans

trop s'exposer, la porter à 100 millions. On voit donc que ces 607 lieues de canaux reviendraient à l'État à 279 millions. Outre ce capital, il y aura à payer en indemnités, pendant 30 à 40 ans, une somme de 9,162,300 f. (intérêts des emprunts et amortissemens). Ce bref aperçu suffit pour prononcer sur cette désastreuse opération, dont la prospérité future est, avant son achèvement, menacée d'une inévitable ruine par l'innovation qui nous occupe.

Le canal de la Somme est au nombre de ceux qui figurent dans l'emprunt; nous croyons utile de faire précéder le tableau de ce qu'il a coûté jusqu'alors, par l'exposé que présenta le ministre dans la séance de la chambre des députés du 30 juin 1821.

Après avoir, dans une pompeuse amplification, détaillé et exagéré les avantages de tous les genres que doit procurer ce canal, il déduit ainsi ce qui est relatif à la dépense :

« On évalue les dépenses faites jusqu'à ce jour *à trois millions*, et l'on estime à *six millions* celles qui restent à faire pour achever cette entreprise. Si l'on se borne aux ressources que fournit annuellement le budget des ponts et chaussées, il est douteux que dans trente ans les bateaux puissent aborder jusqu'à la ville d'Amiens. *Dans six ans, au contraire, la navigation aura lieu libre et sans entraves, depuis le canal de Saint-Quentin jusqu'à la mer*, si vous acceptez les conditions qui vous sont présentées aujourd'hui par une association de capitalistes. Le projet de transaction que nous plaçons sous vos yeux, expose les engagemens réciproques de la compagnie et du gouvernement. La compagnie s'engage à fournir à des termes fixes, et en divers paiemens, la somme de six millions six cent mille francs; six millions doivent être appliqués à terminer le canal du duc d'Angoulême, et six cent mille francs à payer les dépenses de la petite dérivation commencée entre *Chauny* et *Manicamp*. Cette dérivation est une partie essentielle de la ligne navigable que l'on veut établir.

*Le gouvernement s'oblige à terminer les travaux dans le délai de six ans et trois mois.* L'embarras d'appeler et de réunir un grand nombre d'ouvriers de toute espèce sur une étendue circonscrite de terrain, les difficultés de se procurer les chevaux et les voitures nécessaires aux transports des matériaux, sans nuire aux travaux de l'agriculture, ne permettent guère de répartir la dépense sur un laps de temps moins prolongé, si l'on ne veut pas voir s'élever les prix de la main d'œuvre. Mais si l'économie commande de ne pas trop rapprocher le terme des travaux, elle commande aussi de ne pas trop l'éloigner, pour diminuer les chances d'avaries et ne pas accroître les dépenses accessoires, qui, se répétant chaque année, augmentent avec la durée de l'entreprise. Le délai de six années satisfait à toutes les conditions.

Les concessionnaires jouiront, pendant la durée des travaux, *d'un intérêt de* 6 *pour cent* calculé à partir du jour de chaque versement; mais comme les capita-

listes qui s'engagent dans des opérations de cette nature veulent y trouver un placement supérieur à
celui que procurent les transactions ordinaires,
la compagnie recevra sur le produit net du canal,
à dater de son achèvement, *une prime annuelle d'un
demi pour cent, à titre d'encouragement,* jusqu'à l'époque définitive de l'extinction de la dette : cette dette
s'amortira successivement par une autre allocation
annuelle *d'un pour cent.* Si le produit net de la navigation et de toutes les autres perceptions accessoires
ne suffit pas au service des intérêts, de la prime et
de l'amortissement, les sommes complémentaires
seront imputées sur le budget des ponts et chaussées,
comme pour le canal de Monsieur. Si, au contraire,
ce même produit diminué de tous les prélèvemens
convenus et de tous les frais de perceptions, d'administration, d'entretien et de réparations ordinaires
et extraordinaires, ne se trouve pas complétement
épuisé, l'excédant sera réparti entre les porteurs des
effets de la société. Enfin, lorsque l'action successive
de l'amortissement aura éteint la dette de l'état,
il sera fait, pendant cinquante ans, deux parts égales
du produit net : l'une au profit du trésor, l'autre
au profit des actionnaires ; mais après l'expiration de
la cinquantième année, le gouvernement rentrera
dans la jouissance pleine, entière et sans partage
du canal et de toutes ses dépendances.

Sans doute, Messieurs, ces deux dernières stipula-
tions vous paraîtront favorables aux concession-

naires , mais vous remarquerez aussi que l'une
d'elles est très incertaine et très éventuelle ; qu'elle
suppose des excédans sur un produit net déjà grevé
de bien des affectations et de bien des prélèvemens,
et qu'enfin ce produit net aura été obtenu presqu'en
totalité par des capitaux étrangers au trésor, qui
cependant un jour est appelé à le recueillir tout
entier. Cette dernière considération suffit pour jus-
tifier l'admission des prêteurs au partage des revenus
pendant un certain laps de temps après l'extinction
de la dette. Ces revenus existeront, parce qu'une compagnie aura offert à l'état le concours de ses capitaux.
Les avantages que promet la nouvelle communication,
*et qui vont se réaliser dans le court délai de six années,*
on les devra d'abord à la protection éclairée du gouvernement, mais aussi aux efforts de la compagnie,
à la confiance qu'elle aura placée dans le crédit de
l'état, à celle qu'elle aura su inspirer à ses actionnaires, et à son dévouement pour la chose publique.
Nous pouvons donc consentir à lui laisser pendant
un assez grand nombre d'années une part d'un bien
créé avec les ressources qu'elle vient mettre à la dis-
position du gouvernement.

En vertu de l'article 7 de la convention, les travaux doivent être mis en adjudication suivant les
formes ordinaires ; mais si, dans le délai d'un mois
à dater de la première publication, il ne s'est présenté aucun soumissionnaire offrant au moins un
rabais d'un vingtième sur l'estimation, la compagnie

aura la faculté d'entreprendre, à ses risques et périls , l'exécution des ouvrages, aux prix qui auront servi de base à l'adjudication.

Cette clause n'offre aucun inconvénient, et présente même des avantages que vous apprécierez facilement. Les prix courans des matériaux et des main-d'œuvres sont parfaitement connus des entrepreneurs. Si les estimations portées au projet sont trop élevées, le rabais provoqué par l'administration sortira nécessairement de la limite qu'elle lui assigne : si, au contraire, elles sont trop faibles, il importe essentiellement que la compagnie soit admise pour l'exécution des travaux, de préférence à des entrepreneurs étrangers dans la spéculation. La compagnie, éminemment intéressée à la création des produits, puisque ces produits sont le gage des sommes qu'elle aura fournies, et qu'un jour, d'ailleurs, elle doit les partager avec le gouvernement, peut s'imposer à cet égard des sacrifices que ne supporterait pas un entrepreneur placé dans des circonstances ordinaires; son plus grand intérêt sera toujours de terminer rapidemment l'entreprise dans laquelle elle aura engagé ses capitaux. »

Le projet de loi fut à l'ordre du jour de la séance du 4 juillet; *l'impatience* que témoignait la chambre d'adopter, sans aucune modification, une proposition *si raisonnable*, permit à peine à MM. de la Roche et Casimir Périer de faire entendre quelques observations. Les bases de la convention conclue avec les prêteurs, dit

M. de la Roche, ont exclusivement le caractère d'une opération de finance, dans laquelle le gouvernement emprunte chèrement, sans que l'état trouve dans ce marché aucune des garanties que devrait procurer l'intervention de l'intérèt particulier. Les prèteurs, assurés qu'ils sont, dans tous les cas, d'un intérèt de 6 pour cent et d'une prime d'un pour cent qui leur reconstituent un second capital, indépendamment du remboursement du premier avec les intérêts, ont dû n'attacher qu'une importance très secondaire, si même elle est entrée dans leurs calculs, à une demi-jouissance qui ne commencerait que dans 43 ans. Il est hors de doute que la considération essentielle ou unique à leurs yeux a été l'énorme avantage d'un intérèt de 8 pour cent de leurs avances, puisque 8 pour cent d'intérèt est l'équivalent de 6 pour cent et d'une prime fixe annuelle de 1 pour cent de capital primitif jusqu'à l'époque de l'amortissement.

M. Casimir Périer, démontrant tout ce qu'a d'abusif le mode d'emprunt et celui d'une entreprise assurée à la compagnie créancière, demanda qu'il fût formé une commission de surveillance de la confection des canaux, comme il en existe une pour la surveillance des opérations de la caisse d'amortissement. Cette sage proposition, dont actuellement nous pouvons apprécier toute l'utilité, fut, avec une inconcevable légèreté, combattue par M. de Villèle, et rejetée par la chambre.

Le canal de la Somme, aux termes du traité des concessionnaires, devait être totalement achevé en 6 ans et 3 mois, c'est-à-dire qu'il devait être tout-à-fait navigable en 1827. Voilà le compte rendu de sa situation au 31 juillet 1832, conformément à l'article de la loi du 14 août 1822 :

« Le canal de la Somme a pour but d'établir, par la vallée de la Somme, une communication de la mer avec Paris; il s'embranche, près de Saint-Simon, sur le canal Crozat, et vient déboucher sous les murs de Saint-Vallery. Son développement entre ces deux points extrêmes est de 156,800 mètres, un peu plus de 39 lieues de poste. Les points principaux intermédiaires sont : Ham, Péronne et Amiens.

Sauf les travaux de la traversée d'Abbeville, et ceux qu'il est nécessaire d'exécuter en aval des barrages éclusés de Saint-Vallery pour protéger ce barrage et abriter les bâtimens qui attendront le moment du passage, on peut dire que ce canal est achevé, ou du moins il ne reste plus à y opérer que des travaux de perfectionnement qui consistent à recreuser sur plusieurs points le lit du canal, à recharger les digues affaissées, à reprendre des maçonneries de fondation, à prolonger quelques dérivations, etc. *Ces travaux ne laisseront pas cependant que d'exiger un supplément de fonds considérable.*

La navigation est ouverte depuis Saint-Simon jusque sous les murs d'Abbeville, et, au moyen de

quelques ouvrages provisoires, elle se continue jusqu'à la mer, en attendant qu'elle puisse suivre définitivement la ligne qui lui sera tracée dans l'intérieur d'Abbeville. Quelques oppositions locales ont
retardé l'achèvement de cette partie des travaux,
et, pour concilier tous les intérêts, l'administration
a dû, sur ce point, se résigner à d'assez fortes dépenses : mais cette lacune est la seule que présente
aujourd'hui l'importante navigation de la Somme,
et tout fait espérer qu'avant la fin de la campagne
elle aura disparu, si toutefois l'administration n'é-
prouve pas de trop grands obstacles pour entrer en
possession des terrains nécessaires aux travaux.

En 1830, le produit des droits de navigation, de
la récolte des herbes et des fermages de la pêche,
s'est élevé à 229,929 francs; ce produit a subi en
1831 une diminution de 23,735 francs; mais on a
lieu de croire que le mouvement de la navigation
s'accroîtra désormais par des progrès rapides.

Le montant de l'emprunt est épuisé : les travaux
se continuent sur les fonds du trésor, et les dépenses faites sur ces fonds au 31 juillet dernier (1832),
s'élèvent à 1,513,390 fr. 06 c. »

*Détail des dépenses faites pour le canal de la Somme.*

|  | fr. | c. |
|---|---|---|
| Avant 1821, il avait été dépensé..................... | 3,000,000 | |
| L'emprunt par la loi du 5 août 1821.................. | 6,600,000 | |
| Fonds du trésor, depuis l'épuisement de l'emprunt jusqu'au 31 juillet 1832 ............................ | 1,513,391 | 6 |
| Accordé par le budget de 1833 { Pour entretien et surveillance... 153,000 f. Travaux de perfectionnement. 308,000 } | 461,000 | |
| Porté au budget de 1834 ............... ............. | 600,000 | |
| | 12,174,391 | 6 |

La commission des finances, en son rapport sur le budget de 1833, a présenté l'évaluation des dépenses faites sur et depuis l'emprunt du 5 août 1821, pour le canal de la Somme ; elle les porte à. **10,202,545 93**

L'emprunt était de ............................. **6,600,000**

La dépense dépasse donc de .... .................. **3,602,545 93**

Dont ayant payé au 31 juillet... 1,513,391 f.  6 c.
Par le budget de 1833............  461,000  } **2,574,391  6**
Alloué au budget de 1834.......  600,000

Il doit rester à dépenser après 1834.................. **1,028,154 87**

Cette somme, ajoutée à celle établie ci-dessus........ **12.174,391  6**

élève la dépense à.................................... **13,202,545 93**

Cette dépense accomplie, c'est-à-dire le canal achevé, il y aura à payer annuellement :

Pour l'emprunt de 6,600,000 f. : Intérêts à 6 p. °/₀
        Primes... ¹/²p. °/₀  } **495,000**
       Amortis¹. 1 p. °/₀

L'amortissement étant subordonné à l'achèvement des travaux, on ne peut assigner l'époque du dernier terme de paiement. La durée de cet amortissement sera de 33 ans environ ; on espère qu'il commencera bientôt. ( *Note du rapport.* )

Il y aura de plus les frais d'entretien et de surveillance, qui figurent en 1833 pour 153,000 fr. On peut, comme on le voit, évaluer à 650,000 fr. la charge annuelle du canal jusqu'à l'expiration de l'amortissement. Les produits nets de la navigation et de toutes les autres perceptions accessoires sont bien loin de suffire au service des intérêts, de la prime et de l'amortissement. Ces produits, que le rapport ne dit pas être *nets*, mais qu'il exprime sans exception, ne se sont élevés en 1831 qu'à 206,194 fr. Nous désirons que les progrès du mouvement de la navigation, s'accroissent aussi vite que le fait espérer le rapport ministériel de 1833, mais nous en doutons, *avec les tarifs actuels*. Lorsque l'action successive de l'amortissement aura éteint la dette de l'état, le produit net des revenus du canal sera, pendant cinquante ans, partagé également entre le trésor et la compagnie, ce qui ne libèrera probablement le trésor qu'en l'an de grace 1916. Tout le monde peut, avec ces élémens, calculer si les avantages que peut procurer le canal sont en proportion avec l'épouvantable dépense qu'il a déjà occasionée, et celle qu'il causera encore pendant près d'un siècle.

Si nous éprouvons ces regrets, qu'adoucit néanmoins la pensée que le canal est utile depuis les murs d'Abbeville jusqu'à St.-Quentin, et qu'il contribue à la prospérité du commerce de la ville d'A-miens, combien deviendront-ils plus amers, quand nous connaîtrons, par le compte qui sera rendu de chacune de ses portions dans son parcours, que pour ne produire d'autres effets que de paralyser ses avantages, on a employé d'Abbeville à St.-Vallery la plus grande partie de la dépense. Nous appren-drons aussi, par cette communication, quelle est, sur l'étendue de 39 lieues de poste, celle qu'il a fallu creuser, et déduire du total le lit de la Somme, où l'on n'a eu à opérer au plus que des dragages ; enfin nous connaîtrons les clauses de l'adjudication, qui doit infailliblement nous prouver qu'il est faux qu'une compagnie qui exécute elle-même et pour elle-même, exécute à plus bas prix que des entre-preneurs ordinaires ; qu'au contraire elle doit, à raison des frais d'une coûteuse administration, exi-ger des profits beaucoup plus considérables. C'est ce qu'a démontré avec la dernière évidence, en 1829, un ingénieur distingué, dans un traité des amélio-rations à introduire dans les ponts et chaussées.

BIBLIOTHÈQUE ROYALE

IMPRIMERIE ET FONDERIE DE A. PINARD,
Quai Voltaire, 15.

www.ingramcontent.com/pod-product-compliance
Lightning Source LLC
LaVergne TN
LVHW011349170726
843501LV00006B/1733